本书由浦东新区科普项目资金资助

中国珍稀物种科普丛书

藏狐的故事

徐骆羿　张　萍　著

张维赟　绘

孙博韬　译

上海科学技术出版社

图书在版编目（CIP）数据

藏狐的故事：汉英对照 / 徐骆羿，张萍著 ；孙博
韬译 ；张维赟绘. -- 上海 ：上海科学技术出版社，
2020.10
　（中国珍稀物种科普丛书）
　ISBN 978-7-5478-5126-5

Ⅰ．①藏… Ⅱ．①徐… ②张… ③孙… ④张… Ⅲ.
①青藏高原—狐—少儿读物—汉、英 Ⅳ.
①Q959.838-49

中国版本图书馆CIP数据核字(2020)第202349号

中国珍稀物种科普丛书

藏狐的故事

徐骆羿　张　萍　著

张维赟　绘

孙博韬　译

上海世纪出版（集团）有限公司
上海 科 学 技 术 出 版 社　出版、发行

（上海钦州南路 71 号　邮政编码 200235　www.sstp.cn）
浙江新华印刷技术有限公司印刷
开本 889×1194　1/16　印张 4
字数：70 千字
2020 年 10 月第 1 版　2020 年 10 月第 1 次印刷
ISBN 978-7-5478-5126-5/N·211
定价：50.00 元

扫码，观赏"中国珍稀物种"系列纪录片《藏狐》

它是动物界的表情帝，长着网红脸的狐狸。它是唯一仅生活在青藏高原的狐属动物，也是青藏高原高寒生态系统中具有代表性的动物之一。"中国珍稀物种"系列纪录片《藏狐》通过长时间对藏狐家族的跟踪拍摄，揭示了藏狐神奇、有趣的生活故事。该影片荣获 2015 年（第 13 届）四川电视节"金熊猫"奖国际纪录片自然及环境类最佳短纪录片。

导读

　　桑吉和索娜是生活在青藏高原的一对藏狐兄妹，他们和妈妈相依为命，一次意外他们的妈妈不知所踪……两个小家伙就此踏上了寻找妈妈的旅程，一路上他们遇见了凶猛的大鵟、强壮的喜马拉雅旱獭和凶狠的野狗……他们突破重重险阻，最终能找到妈妈吗？

　　本书分为上下两个部分。第一部分采用儿童喜闻乐见的绘本故事形式，在尊重科学事实的基础上，将充满趣味的故事与精美的绘画相结合，提升整体艺术表现力，给读者文字以外的另一个想象空间。第二部分采用问答的形式，增进公众对该珍稀物种的科学认识，通俗易懂的语言，配上精美的照片，有利于儿童的阅读和理解。是一本兼具科学意趣和艺术质感的少儿科普书。

目录

妈妈去哪儿了

　　盛夏时节的青藏高原，放眼望去，一大片绿油油的草地上，点缀着各色的鲜花。这个空气稀薄、被称为"第三极"的高原，依然保留着原始的自然状态。这里住着一群独特的动物，让这片原始的土地变得热闹起来，焕发着勃勃生机。

　　有两只小东西在草地里窜来窜去，走近一看，原来是两只未成年的大方脸藏狐正你追我赶地嬉戏着。

It's summer in Qinghai-Tibet Plateau. The green lawn filled with all kinds of beautiful flowers. Known as "The Third Pole", the air here was thin. This wild land was exuberant, as many distinctive animals lived here.
Two Tibetan fox cubs were chasing each other for fun in the grass.

这是一对兄妹，哥哥叫桑吉，妹妹叫索娜。他们的爸爸因为意外在几个月前离开了他们，藏狐妈妈只能一个人挑起大梁照顾这两个小家伙。

　　"嗨，桑吉、索娜！妈妈要出去给你们找些吃的，你们千万别跑远了！不然很危险！哥哥记得要照顾好妹妹哦！"

　　"知道啦！"他们调皮地回答，等着妈妈带回美味大餐。

They were siblings. The elder brother was Sanjay and the younger sister was Sona. Their father had an accident and left them several months ago. Their mother took care of the two cubs alone.
"Hi, Sanjay and Sona! Mom is going out for your meal. Don't run far away! It could be dangerous! Sanjay you look after Sona!"
"Got it!" They answered, waiting for a tasty meal.

渐渐地，天暗了下来，风也大了起来，玩累的兄妹俩，也已经回到洞穴休息。"咕噜噜、咕噜噜"，他们早就已经饥肠辘辘，但还没有看到妈妈回来的身影。两个小小的脑袋时不时地探出洞口焦急地张望着，等着等着，两个小家伙在洞口睡着了……

Dusk came along with wind. The two hungry cubs went back to the cave for rest. They popped heads out of the cave periodically for mother. However, mother didn't come back until they fell asleep.

第二天，晴空万里，耀眼的阳光唤醒了他们。揉了揉眼睛，急忙看了下洞穴，等了一整个晚上，可是妈妈并没有回来。

"哥哥，妈妈去哪里了呀？"

听到妹妹的疑问，年长些的桑吉想起了当初爸爸的遭遇，他转过头看向洞穴外，心里抱着一丝幻想，忍住了眼角打转的泪水，安慰索娜说："妈妈是去远一点的地方给我们找吃的了，可能迷路找不到回家的路了，没关系，哥哥现在就带你去找妈妈！"

The next day, bright and clear, the sun woke them up.They waited all night, but their mother did not come back.

"Sanjay, where's mother?"

Sanjay remembered father's disaster. He turned and looked out of the cave, holding back his tears, "Mother is hunting for food for us. Maybe she just lost the way home. Don't worry, I'll bring you to mother now!"

寻找妈妈是条漫长的路，饿了一天的他们，首先要解决温饱问题。藏狐是聪明的动物，也是天生的草原猎手，很快，他们便来到了有一大群高原鼠兔的草地上，盯上了一只正在吃草的鼠兔。

　　桑吉低下身子，放慢脚步，朝着鼠兔慢慢移动。这是他第一次在没有妈妈的帮助下独自捕食，动作显得有些生疏，他努力回想以前妈妈教他捕猎鼠兔的场景，模仿着记忆中的动作，小心翼翼地匍匐前进，尽量避免发出声响。

First, they need to look for food. Tibetan fox is clever. They born to be hunters. The two cubs arrived a grassland of many pikas and chose one.

Sanjay was approaching the pika slowly. This is his first hunt without mother's help. He didn't look proficient. Sanjay tried to remember how mother was teaching him. He followed the memory, crawling gingerly to avoid making a sound.

鼠兔也非常警觉，它早就通过细微的声音发现了捕猎者，引诱般地发出试探性的尖叫声。听到这个，桑吉心里一下子急了，猛地从一侧直接向它扑去。早有准备的鼠兔并没有受到惊吓，"嗖"的一下蹿到了附近的洞穴里面，一瞬间消失不见了。

随后赶来的索娜趴在鼠兔洞穴外，用自己小而钝的爪子不停地刨洞，甚至连嘴都用上了，不停地往洞里钻，但没有起到任何效果。第一次捕猎的兄妹俩，没尝到猎物，却沾了满嘴的土。

The pika was alert. It realized the hunter and made a tentative scream. Sanjay was too anxious to pounce it. But the prepared pika spurted into a cave and disappeared.
Sona dug the pika's cave by her small blunt claws, even using her mouth. Still she failed. The two cubs bungled their first hunt. No prey but soil was in their mouths.

碰了一鼻子灰，藏狐两兄妹显得非常失落，肚子"咕噜噜"的声音还时不时地响起，桑吉想起妈妈以前教导的经验："心急吃不了热豆腐，不管做什么都要有耐心！"

但是索娜已经饿得整个身子趴在了地上："我们藏狐又不吃热豆腐，我们是吃鼠兔的呀！"

桑吉对她说："快起来吧，我们要换个策略抓它们，不然今天又得饿肚子了。"

They were very disappointed. Stomachs were growling. Sanjay remembered mother's words: "Haste makes waste. You always need patience!"
Sona was too hungry: "I want to eat pika!"
"Get up, we need to change our tactics to catch them. Or we'll be starved again." Sanjay said.

两兄妹重新振作了起来，在草丛里继续埋伏着，守株待兔。

1 小时过去了……2 小时过去了……

这时，洞穴口又出现了鼠兔探头探脑的身影。这一次，他们静静地等待着鼠兔慢慢远离洞穴。这时候的鼠兔早已放松了警惕，它似乎闻到了前面土壤里食物的味道，低头去觅食。桑吉看准时机，双腿一蹬，前脚一跃，还没等鼠兔反应过来，直接咬住了它的身体，一个漂亮的前滚翻落地，只听到鼠兔发出一声惨烈的尖叫，还在桑吉嘴中不断地翻扯着。

The two cubs hid in the grass again for ambushing.

One hour passed... Two hours passed...

The two cubs were waiting silently. One pika relaxed its vigilance and came out for food. Sanjay saw the right moment and snapped at the pika. The pika screeched and struggled.

"成功了！哥哥你真是太棒了！"索娜开心地从桑吉嘴中接过美食，狼吞虎咽起来。但一只鼠兔怎么够两个人来分，他们必须多抓几只才够填饱肚子。

　　一回生，二回熟，两兄妹很快就掌握了独自捕食的技巧。"叽——叽——"，正在他们享用大餐之时，天空中传来了一阵尖锐的叫声，抬头一看，只见一只体型硕大的大鵟正朝着他们飞来，它强壮的翅膀和锋利的爪子可不是闹着玩的。很明显大鵟发现了他们，不断在他们头顶上空盘旋。

"You did it! Amazing!" Sona took over the food and devoured it. However, one pika was too little to fill the two cubs.

The two cubs learnt hunting skills soon. They heard screaming from the sky while enjoying the feast. It was a big upland buzzard, flying towards them. Its strong wings and sharp claws were dangerous.

"是大鵟！快跑啊！"桑吉大声喊道。

索娜嘴上叼着鼠兔，还没来得及反应，只见哥哥桑吉已经朝着远处跑去。

大鵟看见了没来得及逃跑的索娜，便锁定她为目标，立即朝着她发起了攻击，桑吉回头发现妹妹有危险，立刻又跑了回去，大声喊道："快躺下！用脚踢它！"

索娜面对突如其来的危险，早已吓得不知所措，想都没想就照着桑吉说的立马躺了下来，四脚朝天胡乱地猛踢着。

"An upland buzzard! Run!" Sanjay yelled.
Sona was dumbfounded, holding the pika in her mouth. Sanjay was running away.
The upland buzzard targeted Sona and prepared to attack her. Sanjay realized that Sona was in danger. He ran back and yelled "Lie down! Kick it!"
Sona was scared to hurry-scurry. She lay down according to Sanjay's words and kicked towards the sky aimlessly.

向下俯冲的大鵟见此场景，居然迟迟没有再冲下去。

桑吉非常冷静地叼起身边的鼠兔，朝一旁的空地扔去，趁大鵟冲向鼠兔尸体享用美食之际，桑吉带着索娜立即向远处拼命地跑去。

不知跑了多久，直到两兄妹实在跑不动了，才停了下来。

The diving upland buzzard hesitated.
Sanjay picked up the pika calmly and threw it away. While the upland buzzard was enjoying it, the two cubs had run far away.
They stopped until they couldn't run any further.

"哥哥，那大家伙不会追来了吧，也太吓人了！我好想妈妈呀，要是她在就好了。"说着，索娜的眼眶一下湿润了。

"没事没事，哥哥会保护好你的，妈妈也不会丢下我们的，她肯定会回来的。"

带着一丝希望，两个小家伙一起来到了小河边，突如其来的危险让他们变得更加警惕了，低头喝水前也要先环顾一下四周，看看是否有异样。

在这个空气稀薄高海拔的高原上奔跑，消耗了他们大量体力，兄妹俩这时显得非常疲惫，吃饱喝足的他们，慵懒地依偎在一起，睡了一个美美的午觉。

不知睡了多久，突然觉得好冷，惊醒了的两兄妹一阵哆嗦。青藏高原上的天气真是说变就变。这时候的他们才突然意识到离家太远，晚上可能要露宿荒野了。

"Will that horrific big guy chase us? It was too scary! I miss mother. If only mother were with us."
Sona's eyes welled up with tears.

"Don't worry. I'll protect you. Mother will certainly come back." The two cubs came to river for water. The unexpected danger made them more vigilant. Before drinking, they looked around to confirm security.

Running on this thin-air plateau consumed a lot of energy. The two cubs were too tired. They snuggled lazily together for a nap.

The two cubs were awakened by the cold. Weather was inconstant on Qinghai-Tibet Plateau. They found that it was too far away from home.

桑吉说："我们要尽快找一个洞穴作为临时落脚点，夜晚的野外可是非常危险的。我记得以前妈妈好像说过，我们藏狐的窝都是靠武力'抢'来的，因为我们的爪子没有挖掘能力，自己没法刨土挖洞，只能去抢旱獭挖好的现成洞穴。"

　　"不就抢个洞嘛，走，现在就去。"索娜还没说完，立即动身去找旱獭洞穴了。

　　突然，一只喜马拉雅旱獭出现在他们的视线中，只见那只胖乎乎的小家伙从远处草堆里探出了脑袋，嘴里一边啃着东西，一边谨慎地东张西望。

"We need to find a cave as a temporary shelter. The wild was very dangerous in the night. I remember that mother had said that we Tibetan foxes rob cave from other animals, like marmots. Digging a hole is not our talent." Sanjay said.

"It's not hard. Let's go!" Sona jumped up and set out to rob marmots' caves.

One Himalayan marmot appeared. This chubby animal was chewing something and looking around.

"哥哥，你看！"眼尖的索娜一下发现了这个胖家伙。

桑吉没有说话，只是静静地盯着小旱獭。经过1小时的耐心观察，他们发现这只小旱獭是独自居住，是个容易欺负的对象，两兄妹就商量着怎么把小旱獭赶走，占地为王。

两兄妹分别从两个方向朝着小旱獭靠近，索娜直接无赖般地一屁股堵住了洞口，不让小旱獭进洞，桑吉则一会儿用脚抓它，一会儿用头顶它，试图将这个小家伙赶走。

"Look!" Sona discovered this chubby guy.

Sanjay didn't answer. He was staring at the marmot. One hour passed, he found that this marmot lived alone. They plan to dislodge the marmot and loot the cave.

The two cubs approached the marmot from different directions. Sona plugged the entrance of the cave to block off. Sanjay kept kicking and heading the marmot, trying to dislodge it.

被欺负的小旱獭，不断发出委屈的叫声，渐渐地，四周的草丛里也开始有了动静。原来旱獭是群居动物，小旱獭通过叫声喊来了自己的亲朋好友。"叽叽叽"，小旱獭气呼呼地把自己一肚子的委屈告诉了长辈们。

The frightened marmot cried. It was asking its families and friends for help. They were social animals. Many marmots gathered round.

要知道一只强壮的成年旱獭，体型可是跟藏狐不相上下，更何况现在这一大家子旱獭全出来给小旱獭撑腰了，要是跟这一大家子打起架来，藏狐两兄妹肯定是要吃苦头的。

　　看到这架势，两兄妹二话不说，直接灰溜溜地逃走了。

An adult marmot was as strong as a Tibetan fox. Moreover, a big family came to help that marmot. The two cubs definitely would suffer if they were in conflict with the marmot family.
The two cubs fled immediately.

没地方住可不行，但两兄妹经过刚刚的遭遇，也不敢再去那块地方招惹旱獭了。这时候天已经黑了，两兄妹匆匆忙忙寻找合适的暂住地，最后总算在一个偏僻角落找到了一个荒废了很久的洞穴。

　　"哥哥，这里好挤、好简陋呀，还是我们自己的家舒服。"索娜非常嫌弃。

　　"只是住一晚，将就一下，我们找到妈妈就回家。"说完两个小家伙就疲惫地睡着了。

A shelter was still necessary. But the two cubs dared not to offend marmots any more. Night fell. Finally, they found a deserted cave.

"It is so crowded and dilapidated here. I miss our comfort home!" Sona was not satisfied.

"Just one night. We'll go home with mother." The two cubs fell into sleep wearily.

日子一天天过去，他们又越过一大片沼泽地，穿过起伏的灌木丛，翻过数个山坡；遇见了成群结队的藏野驴在一起奔跑，翩翩起舞的黑颈鹤在展现它们优雅的舞姿，悠闲的藏羚羊在哺育幼崽……一切都显得如此美好，藏狐两兄妹一路询问着，但依旧没有打听到妈妈的消息。

他们非常失落，最后他们决定还是回到原来的家里看看，幻想着妈妈早已在洞穴里准备了好多美食，正等着他们归来。

As the days passed. They went across large wetland, undulating bushes, and several hills. They met groups of Kiangs running together, black-necked cranes showing their graceful dancing posture, Tibetan antelopes feeding babies. Everything looked so good, but they did not hear from mother on the way. They were very disappointed. They decided to go home.
Maybe mother was waiting for them.

"你见过我们的妈妈吗？"
Have you seen our mother?

41

刚转身想要返程时，不远处一只野狗正向他们踱步而来。

"野……野狗……"两兄妹不禁往后退了几步。

野狗不屑地看了他们一眼："今天我可是吃饱了，对你们才没兴趣呢！"

索娜不放过任何能打听妈妈消息的机会，立马叫住了他，胆怯地问道："请问……您看到过我们的妈妈吗？"

"妈妈？长得跟你们一样的大方脸？她受伤了，不久前看到人类把她抬到远处的那个房子里去了。"

Not far away a wild dog was walking towards them.

"Wild dog…" They backed a few steps.

"I'm not hungry today. And I'm not interested in you." The wild dog glanced at them with scorn.

Sona would catch any chance to find mother. "Please… Have you ever seen our mother?" She asked cravenly.

"Square face like you?
She was injured. Humans brought her to that house recently."

听说妈妈受了伤，两兄妹心急如焚，不顾任何危险，拼命地向野狗指的房子狂奔去。

原来那是人类在青藏高原上设立的野生动物救助站，救护人员遇到受伤的动物就会立即送到这里，待他们完全康复后就会放归大自然。藏狐妈妈就是被他们救助的一员，原来那天出去觅食途中她遇到了狼的袭击，正巧野外巡视的救护人员经过那里，这才救了她，并送进了救助站。

野生动物
保护站

They were so worried and ran desperately to the house, regardless of any danger.

It was a wildlife rescue station. Humans brought injured animals here and released them to nature when they recovered. The mother was attacked by wolves. Ambulancemen passed by as it happened. They saved her and brought her to the wildlife rescue station.

藏狐一家三口终于团聚了，两兄妹兴奋极了，都依偎在妈妈怀里。

Tibetan fox family finally reunited. The two cubs were very excited and snuggled in their mother's arms.

经过一段时间的治疗，藏狐妈妈的伤也差不多康复了，可以回归大自然了。在感谢并告别了人类之后，他们回到了原来的家。藏狐兄妹在没有妈妈陪伴的日子里，已经学会了适应环境的生存技能，藏狐妈妈看到自己两个孩子长大了感到非常欣慰。

After a period of treatment, the mother had recovered. They came back to home with gratitude for human. Life went on. Sanjay and Sona had learnt survival skills during days without mother. The mother felt glad to see her children grow up.

夕阳西下，妈妈和两兄妹坐在洞穴外，享受着两个小家伙捕获的鼠兔大餐，听着他们讲述寻找妈妈路上遇到的趣事。欢声笑语伴着落日下的一家三口，显得格外温馨。

With the sun setting down, they sat outside the cave, enjoying the pika meal and telling stories of on the way to find mother. What a warm and sweet scene!

藏狐的秘密知多少

🐱 我的名片

　　藏狐（学名：*Vulpes ferrilata*）隶属于食肉目犬科狐属，藏名音译叫"博吉瓦玛"。2008 年列入《世界自然保护联盟濒危物种红色名录》（IUCN）"无危"（LC）物种，该物种当时也列入了国家林业局发布的《国家保护的有益的或者有重要经济、科学研究价值的陆生野生动物名录》。藏狐是一种典型的高原动物，仅分布于我国的青藏高原地区。

藏狐为什么被称为"行走的表情包"

　　很多人最初见到藏狐的图片时，都认为这只狐狸是被人为搞怪出来的，但后来发现人家可是正儿八经的狐狸。

　　藏狐被称为世界上"最丑"的狐狸，最大的原因是它的脸接近于正方形，这也是它走红网络、成为表情包的主要原因。藏狐的方脸是不是因为皮毛的关系？这样想显然就错了，它可是个实打实的方脸。从藏狐的头骨特征来看，它的吻部细而长，所以它们长着一个又长又大的鼻子，额头比较短，颧弓、颚骨较窄，犬齿、臼齿较长，下颌骨的颌角比较小，看上去很粗壮，正是由于藏狐这个独特的头骨结构才形成了它方脸的外观。加上它的四肢、耳郭和尾都相对较为短小，因而身体显得很敦实，行走起来，看上去不免觉得有些"鬼鬼祟祟"。这个宽大憨厚的方脸，配上一双眯眯眼和一脸看破红尘的表情，就是被传为"行走的表情包"，还被称为是"迷之微笑"的藏狐。

🐾 在我国，除了藏狐外，还有哪些狐狸

说到狐狸，想必大家都非常熟悉，它是自然界中十分聪明的动物。在古今中外的童话故事和民间传说里经常能看到狐狸的形象，正面形象是聪明伶俐的，负面形象则是狡猾多疑的。这些故事中提到的狐狸究竟是哪一种狐狸？是藏狐吗？答案显然不是，原来狐狸还分不同种，在大多数传说故事中我们熟悉的狐狸其实是"赤狐"。在我国境内分布着三种狐属动物：藏狐、赤狐（学名：

赤狐

Vulpes vulpes）和沙狐（学名：Vulpes corsac），虽然它们之间长得有些不同，但彼此却是亲戚。

🐾 藏狐、赤狐、沙狐有什么区别

从体型大小来说，沙狐的体型是最小的，赤狐的体型是最大的。从形态来说，藏狐和沙狐在形态上是最相似的，但是沙狐看起来身体和脸更加纤瘦。从体色来说，沙狐的背部是浅棕灰色的，尾尖黑色；藏狐的背部则是黄褐色的，尾尖白色；赤狐整个背部都是红褐色的，四条腿为黑色。

从地理分布来说，沙狐主要生活在欧亚大陆的中高纬度地区，栖息在草原和半沙漠中。赤狐是整个北半球，包含欧洲、北美洲、亚洲以及北非地区的广布种，随着欧洲人的扩张，

它们分布到了全世界，所以在我国全境都分布着赤狐。而藏狐是最特殊的，它是特化的高原物种，仅分布在青藏高原，在其他地方可是看不见它的。

赤狐

藏狐

三种狐狸中，为什么只有藏狐生活在青藏高原

根据分子系统学研究，在我国分布的三种狐狸中，藏狐与沙狐之间的亲缘关系最近，它们分化的时间为 290 万年前。其次是赤狐，它与藏狐和沙狐的共同祖先在 490 万～640 万年前发生种间分离。藏狐和沙狐彼此分化的过程，恰好伴随着青藏高原的急速抬升、山脉隆起等重大地质事件，这也是它们成为独立物种的重要原因。所以，最终只有藏狐成了唯一仅生活在青藏高原的狐属动物。当然由于现在赤狐分布区域广大，在青藏高原上它和藏狐的分布也是有重叠的。

在青藏高原，除了藏狐以外，还生活着其他哪些动物

　　青藏高原的生境类型为高寒草原、高寒草甸及高寒灌丛，在该环境活动的动物资源中，大型兽类有雪豹、狼、赤狐、棕熊、藏羚羊、藏原羚、马鹿、白唇鹿、岩羊、盘羊等；小型兽类有高原鼠兔、喜马拉雅旱獭、中华鼢鼠等；鸟类比较丰富，最常见的有大鵟、秃鹫、红隼、白腰雪雀、褐翅雪雀等。

白腰雪雀

大鵟

藏原羚

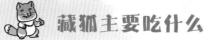

藏狐主要吃什么

青藏高原上的食草动物，小到鼠兔、鼢鼠，大到藏原羚、藏羚羊，谁才是藏狐的最爱呢？经过研究发现，藏狐主要是吃高原鼠兔及其他草原啮齿动物。一项研究显示，高原鼠兔占到藏狐食物的95%，其他小型啮齿动物（比如仓鼠类、田鼠类和鼢鼠类）占到5%。

高原鼠兔

藏狐是"机会主义者"，为什么这么说呢？研究人员在藏狐的粪便样本中检测到牦牛、藏原羚等食草动物的消化残留物。它不是吃鼠兔的吗？怎么会有这些残留物存在呢？原来，虽然藏狐体型较小，很难捕杀到奔跑较快、强壮有力的有蹄动物，但是当有蹄动物被狼、雪豹等捕杀后，留下的"残羹剩饭"可能就会被藏狐吃掉。除此之外，在藏狐的粪便样本中，还发现了昆虫的外骨骼以及一些植物的碎片。这些线索都告诉我们藏狐不是个挑食的家伙，实在没有东西吃的时候，它还会捕食一些昆虫和其他节肢动物，甚至吃一些植物来填饱肚子。

藏狐是"益"兽还是"害"兽

藏狐是名副其实的"益"兽，大家之所以如此评价它，和它的食性有关。之前提到了它最喜欢吃的食物是高原鼠兔，其次是其他啮齿动物。高原鼠兔在青藏高原属于优势物种，主要吃豆科、禾本科、莎草科等植物，它们是破坏草原的"凶手"，草原上的牧民对这类小动物非常痛恨。而藏狐的主要食物是高原鼠兔，藏狐的存在起到了抑制高原鼠兔数量的作用，对农牧业非常有帮助，对于维持草原生态系统平衡有着不可磨灭的功绩。

 ## 为什么要研究藏狐的粪便

藏狐用自己的粪便来标记和宣示领地，它们经常在自己居住的洞穴外和领地内，突出的岩石或者是高凸的土包上排便，来宣示自己的存在。

对于生物学研究来说，动物的粪便是了解动物食性、健康状况和生理状态的宝贵材料。在藏狐的粪便中，常常包含着还没有消化掉的食物残渣，通过研究、分析这些食物残渣就可以知道藏狐都吃了哪些食物。

在粪便中还有很多体内激素的代谢产物、细菌、病毒、寄生虫卵等，通过检测、分析、研究这些物质，可以了解藏狐的健康状况、内分泌等隐私。

小藏狐是跟爸爸妈妈生活在一起的吗

和人类一样，在藏狐的家庭中，也是夫妻双方共同生活，一起养育下一代。

但是等到小藏狐成年之后，藏狐爸爸妈妈就会把小藏狐"赶出家门"。所以年幼时期的小藏狐，就要从爸爸妈妈身上学习各种生存本领。它们经常通过互相追逐、打斗、快速跑动来学习和完善各种生存技能，同时促进生长和发育。这是藏狐成长的重要过程，也是为小藏狐在离开父母以后能独立捕食、躲避天敌等打下扎实的基础。

藏狐的生存环境怎么样呢

　　藏狐主要分布于中国、印度、尼泊尔，在我国只分布于青藏高原，包括西藏、青海、四川、云南西北部都有藏狐的踪迹。藏狐是典型的高原动物，它的适应能力很强，在各种不同类型的植被条件下都能生存。它喜欢栖息在高海拔的高山草原、高山草甸、荒漠草原、山地的半干旱到干旱地区等地理环境中。藏狐不喜欢与人类接触，所以它的栖息地会尽可能地远离人类生活的区域，通常来说它喜欢居住在海拔3500～5200米的地区，但是在一些海拔2500米的地区偶尔也能够看到藏狐的身影。

小藏狐是什么时候出生的

　　科研人员对我国青藏高原东部地区的藏狐长期观察后发现，藏狐主要是在12月交配，藏狐妈妈的妊娠期为50～60天，在第二年的2～3月小藏狐就出生了。藏狐妈妈每胎会产2～5只藏狐宝宝，出生后前几周，小藏狐不会离开洞穴，经过8～10个月成长进入成熟期。正常情况下，藏狐的寿命为8～10年。

藏狐都是在白天活动的吗

藏狐长期生活在青藏高原的恶劣环境中，由此形成了它固有的生物钟模式。借助野生动物遥测技术发现，在夏季时，藏狐一天中的 8:00 ～ 12:00 和 16:00 ～ 20:00 这两个时间段的活动是最频繁的，而 12:00 ～ 14:00，它们基本上都在休息睡觉，到了 14:00 ～ 16:00，睡醒了的它们又慢慢活跃起来。到了冬季，藏狐的活动时间和夏季相似，稍有不同的

是，它们早上的活动时间缩短了，由原来的 4 小时缩减到 2 小时，12:00 ～ 14:00 的午休时间依然没变。

总的来说，藏狐在晚上及晨昏时分是比较活跃的，而在白天大部分时间，它们会在山坡上找一个较平的土坑上睡大觉。它们身上土黄色的皮毛，远远望去很像是一个土包或一堆枯草，不仔细看很难发现它们。由于青藏高原昼夜温差较大，白天光照充足，藏狐在晨昏捕食，在温度最高的时候休息，有利于它们积累能量。

 ## 藏狐的洞穴是自己挖的吗

藏狐是穴居动物，但它们的洞穴可不是靠自己实力挖掘来的，而是强行霸占喜马拉雅旱獭的洞穴。怎么回事呢？原来藏狐属于小型犬科动物，它们小而钝的爪子，只适合快速地奔

跑而并不利于挖掘洞穴。同样是刨土，藏狐的小爪子只能刨出一个小土坑而已，挖不了太深的洞穴，所以对藏狐来说，挖掘洞穴居住是极其艰难的事情。

而喜马拉雅旱獭却恰恰相反，它们是一种体型和藏狐相仿的啮齿动物，有着强壮的利爪和锋利的门牙，挖掘洞穴对于它们来说简直是小菜一碟。而且旱獭是一家子生活在一起，通常是一个家族占据着各种类型组成的群洞，所以它们有很多不同的洞穴，有些洞穴即使挖好了它们也不住。藏狐就盯上了这些洞穴。如果已经有旱獭住在里面了，想要把人家赶走可是需要一些谋略，毕竟一只成年的强壮旱獭是能让藏狐吃苦头的，所以藏狐一般会先耐心观望，如果洞穴主人是只小旱獭的话，它就会把小旱獭赶走，堂而皇之地霸占洞穴。不过有时候，受了委屈的小旱獭会找来自己的亲朋好友报仇，面对这一大家子，藏狐也不敢硬碰硬，只能灰溜溜地离开，另寻住处，可称得上是"欺软怕硬"了。

藏狐挑洞有什么要求吗

虽然藏狐的洞穴都是"抢"来的，但也不是所有旱獭挖掘的洞穴都能入它们的"法眼"，藏狐也是个讲究生活质量的主。它们会选择更适合居住的洞穴，因为洞穴的位置和周边的环境会直接影响到它们生存和繁殖的成功率。

藏狐选择洞穴首先要考虑的是排水问题。基本上所有藏狐的洞穴都分布在山坡上，因为构建在山坡上的洞穴地势较高，陡峭的地形利于排水，即便是雨季也不容易被水淹没，可以很好地保障洞穴的相对干燥。另一方面，坡向也是影响藏狐洞穴选择的重要因素之一，相关数据显示，它们明显倾向于选择阳坡和半阳坡上的洞穴，因为在青藏高原这样的高海拔地区，常年气温都很低，

藏狐选择阳光充足的坡面可以更好地吸收地表的热量，提高洞穴内的温度，这对它们在洞穴内生活及小藏狐的成长都是十分有帮助的。

单口洞和群洞有什么区别吗

藏狐的洞穴通常有两种用途：繁殖后代和日常生活。按照洞口数量来区分的话，可分为单口洞和群洞两类。单口洞就是只有一个洞口的洞穴，这种类型的洞穴结构非常简单，就是由洞口的晒台、一直往下的通道，和通道尽头略微扩张的卧室组成。晒台就是在洞口区域，由洞里刨出的土堆积而成的土

包。群洞就是以一个洞口为中心，在10米半径内寻找其他洞口，如果发现新的洞口，就再以这个新发现的洞口为中心，继续在10米半径内寻找下一个新的洞口，直到发现不了新洞口为止，这样记录发现的全部洞口的数量，就能确定这到底是几口洞穴了。群洞的每个洞口并不一定是相通的，但一般来说，距离较近的两个洞口会有连通的通道。

藏狐大多数是居住在单口洞穴里。它们日常生活所用的洞穴一般分布在鼠兔比较少，和其他洞穴距离较近的陡坡上。而繁殖所用的洞穴通常是群洞，有好几个洞口，多个洞口之间存在着复杂的通道。这对繁殖是非常有利的，小藏狐可能遭到猛禽或其他天敌的捕食，多个洞口能够提供更多的保护和逃避天敌的机会。

藏狐的活动范围有多大

通常我们把野生动物的日常活动范围叫做"家域"。影响野生动物家域大小的因素有很多，对藏狐来说，食物资源的丰富程度会影响它们家域的大小。

藏狐大多会选择在开阔的山间缓坡和坡位较低的区域活动，因为这些区域鼠兔资源很丰富，在这里，藏狐可以很快地捕食到食物。鼠兔密度高意味着较小的家域就可以满足藏狐的生存需求，反之，藏狐就会去更远的地方寻找食物，这样的话，就需要更大的家域面积。另外，藏狐是一种警惕性非常高的动物，它的活动区域不会远离陡坡和地形起伏比较大的区域，较多的隐藏地和障碍物有利

于它们躲避危险和外来干扰。还有一些研究显示，性别对藏狐家域大小也会有影响，雄性个体的家域略大于雌性个体。

🐱 藏狐有天敌吗

　　成年的藏狐几乎是没有天敌的，但是体型比它们大的食肉动物依然可以威胁到它们的生命，比如狼、雪豹、家犬等。当藏狐遇见这些动物时，它们会迅速地逃到隐蔽场所，甚至逃进自己的洞穴，以躲避捕食者的攻击。由于在高海拔的高原上奔跑会消耗动物大部分体力，因此这些食肉动物看见藏狐跑远了，也就不会再追赶它们了。

　　金雕、大鵟等大型猛禽也会对藏狐构成威胁。因为它们的飞行速度远远超过藏狐的奔跑速度，再加上它们拥有锋利的爪子，从天而降牢牢抓住猎物，利爪深入猎物的体内，可以一招毙命。所以大多数时候，当藏狐发现这些大型猛禽在它们的头顶盘旋时，就会立即躲进自己的洞穴中。另外，成年的喜马拉雅旱獭、藏野驴、藏原羚，这些体型较大的食草动物，如果真的跟藏狐打起架来，藏狐的胜算也很小。

狼

野狗

藏狐的数量为什么在不断减少

藏狐是青藏高原重要的皮毛兽，为了经济利益，很多人会捕杀藏狐。从被猎杀的藏狐皮毛上的痕迹判断，大多数藏狐都是死于枪杀。所以，我国于20世纪80年代末禁止了藏狐毛皮的收购，进一步加强了牧区的枪支管理。一些地方性的藏狐种群的保护政策也已经实施，四川省在1990年将藏狐列为省级保护动物。

虽然现在人为猎杀藏狐已经非常少见了，但影响藏狐数量的另一个问题依然存在，那就是野狗咬死藏狐。由于没有针对犬只管理的有效措施，青藏高原的野狗数量泛滥，它们会成群结队地出现在草原上，而且会袭击藏狐，对藏狐的生命构成威胁。

和世界上的其他狐狸种群相比，我们对藏狐的研究是非常欠缺的，我国仍缺少针对藏狐的研究课题和相应的保护计划。所以世界自然保护同盟也呼吁对藏狐的研究应该不断深入，应尽快开展对该物种的各项生态学研究及保护规划的制定。